www.ingramcontent.com/pod-product-compliance
Lightning Source LLC
Chambersburg PA
CBHW080959170526
45158CB00010B/2849
9781079503081